BEI GRIN MACHT SICH IHR WISSEN BEZAHLT

- Wir veröffentlichen Ihre Hausarbeit, Bachelor- und Masterarbeit

- Ihr eigenes eBook und Buch - weltweit in allen wichtigen Shops

- Verdienen Sie an jedem Verkauf

Jetzt bei www.GRIN.com hochladen und kostenlos publizieren

Ernst Probst

Chuchunaa. Der sibirische Affenmensch

Mit Zeichnungen von Shuhei Tamura

GRIN Verlag

Bibliografische Information der Deutschen Nationalbibliothek:

Die Deutsche Bibliothek verzeichnet diese Publikation in der Deutschen National-
bibliografie; detaillierte bibliografische Daten sind im Internet über http://dnb.d-
nb.de/ abrufbar.

Impressum:

Copyright © 2013 GRIN Verlag GmbH
Druck und Bindung: Books on Demand GmbH, Norderstedt Germany
ISBN: 978-3-656-43405-4

Sibirischer Affenmensch „Chuchunaa“,
Zeichnung von Shuhei Tamura

Ernst Probst

Chuchunaa

Der sibirische Affenmensch

*Belgischer Zoologe Bernard Heuvelmans (1916–2001),
Zeichnung von Talitha Wittich*

Vorwort

Viele Tierarten sind noch unentdeckt

Ein geheimnisvolles Lebewesen steht im Mittelpunkt des Taschenbuches „Chuchunaa. Der sibirische Affenmensch". Dieses merkwürdige Geschöpf soll bis zu 2,10 Meter groß, breitschultrig und eine Art überlebender Neandertaler sein, oft Kleidung aus Tierfellen tragen, sich von Wild ernähren und rohes Fleisch essen.

Ernst Probst, der Autor dieses Taschenbuches, ist weder Kryptozoologe, noch glaubt er an die Existenz von Affenmenschen, die überlebende Frühmenschen oder Urmenschen wären. Aber er kann nicht ausschließen, dass in abgelegenen Gegenden der Erde noch bisher unbekannte Affen oder Menschenaffen ein verborgenes Dasein führen. Denn von 1900 bis heute sind erstaunlich viele große Tiere erstmals entdeckt und wissenschaftlich beschrieben worden. Darunter befinden sich auch Primaten wie der Berggorilla (1902), der Kaiserschnurrbarttamarin (1907), der Bonobo (1929), der Goldene Bambuslemur (1986), der Goldkronen-Sifaka oder Tattersall-Sifaka (1988), das Schwarzkopflöwenäffchen (1990) und der Burmesische Stumpfnasenaffe (2010).

Das Taschenbuch „Chuchunaa. Der sibirische Affenmensch" enthält eigens hierfür angefertigte Zeichnungen des japanischen Künstlers Shuhei Tamura. Dieser hat dankenswerterweise oft prähistorische Raubkatzen für Werke des deutschen Autors Ernst Probst gezeichnet.

Affenmensch „Orang Pendek" auf Sumatra,
Zeichnung von Shuhei Tamura

Nach Ansicht von Kryptozoologen, die weltweit nach verborgenen Tierarten (Kryptiden) suchen, leben auf der Erde noch zahlreiche unbekannte Spezies, die ihrer Entdeckung harren. Bisher sind auf unserem „blauen Planeten" etwa 1,5 Millionen Tierarten bekannt. Manche Wissenschaftler vermuten, dass mehr als 15 Millionen Tierarten noch unentdeckt bzw. unbeschrieben sind.

Der verhältnismäßig junge Forschungszweig der Kryptozoologie wurde von dem belgischen Zoologen Bernard Heuvelmans (1916–2001) um 1950 benannt und gegründet. Er sammelte Tausende von Berichten, Legenden, Sagen, Geschichten und Indizien verborgener Tiere und prägte durch seine Fleißarbeit die Kryptozoologie nachhaltig.

Als Zweige der Kryptozoologie gelten die Dracontologie, die sich mit den Wasserkryptiden befasst, die Hominologie, die sich mit Affenmenschen beschäftigt, und die Mythologische Kryptozoologie, welche die Entstehungsgeschichte von Fabelwesen erforscht. Der Begriff Hominologie wurde 1973 durch den russischen Wissenschaftler Dmitri Bayanov eingeführt. In der Folgezeit haben Kryptozoologen verschiedene Untergliederungen der Hominologie vorgeschlagen.

Die Kryptozoologie bewegt sich teilweise zwischen seriöser Wissenschaft und Phantastik. Kryptozoologen wollen nicht glauben, dass unser Planet schon sämtliche zoologischen Ge-Geheimnisse preisgegeben hat, obwohl Satelliten regelmäßig die ganze Erdoberfläche überwachen. Nach ihrer Ansicht bleibt das, was unter dem Kronendach tropischer Regenwälder oder in den Tiefen der Ozeane existiert, selbst modernster Spionage-Technik verborgen.

Kryptozoologen zufolge gibt es auf der Erde noch erstaunlich viele bisher unbekannte Tierarten zu entdecken. Auf allen fünf Erdteilen – so glauben Kryptozoologen – leben beispielsweise

„De-Loys-Affe" (Ameranthropus loysi)
aus Südamerika

10

Erstmals 1902 wissenschaftlich beschrieben:
der Berggorilla (Gorilla beringei beringei)

Erstmals 1907 wissenschaftlich beschrieben:
der Kaiserschnurrbarttamarin (Saguinus imperator)

12

Erstmals 1929 wissenschaftlich beschrieben:
der Bonobo (Pan paniscus)

Erstmals 1986 wissenschaftlich beschrieben:
der Goldene Bambuslemur (Hapalemur aureus)

Erstmals 1988 wissenschaftlich beschrieben:
der Goldkronen-Sifaka (Propithecus tattersalli)

Erstmals 1990 wissenschaftlich beschrieben:
das Schwarzkopflöwenäffchen (Leontopithecus caissara)

16

große Affenmenschen. Die bekanntesten von ihnen sind „Yeti" im Himalaja, „Bigfoot" in Nordamerika, „Orang Pendek" auf Sumatra und „Alma" in der Mongolei. Als Affenmenschen gelten auch „Chuchunaa" in Ostsibirien, „Nguoi Rung" in Vietnam, „De-Loys-Affe" in Südamerika, „Skunk Ape" aus Florida, „Yeren" in China und „Yowie" in Australien. Affenmenschen heißen – laut „Wikipedia" – „affenähnliche", das heißt nicht mit allen Merkmalen der Art *Homo sapiens* ausgestattete Vertreter der „Echten Menschen" (Hominiden). Sie gehören zu den bekanntesten Landkryptiden.

*Sibirischer
Affenmensch
„Chuchunaa",
Zeichnung von
Shuhei Tamura*

Chuchunaa

„Bandit" mit breiten Schultern

Die sibirische Variante des Schneemenschen „Yeti" heißt „Chuchunaa", nach anderer Schreibweise auch „Tutjuna" oder „Tschutschunaa" („Wilder Mann"). In Südost-Sibirien bezeichnet man dieses angeblich mehr als zwei Meter große Lebewesen als „Mulen" („Bandit"). Berichte über jene geheimnisvolle Kreatur wurden lange Zeit in der ehemaligen Sowjetunion nicht ernst genommen.

In den 1920-er Jahren begegneten Einwohner eines Dorfes von Rentierzüchtern in Jakutien (Ostsibirien) beim Beerensammeln einem „Tschutschunaa". Auch der „Wildmensch" pflückte Beeren. Er stopfte sich die Früchte mit beiden Händen in den Mund. Als er die Menschen sah, richtete er sich auf. Augenzeugen zufolge hatte das Geschöpf eine hagere Gestalt, war mehr als zwei Meter groß und trug ein Hirschfell. Auf dem Kopf war ein Wust wirrer Haare zu erkennen. Das Kinn war viel größer als bei einem Menschen. Ungewöhnlich lang wirkten die Arme dieses Lebewesens. Kurz nachdem dieser „Tschutschunaa" die Menschen erblickt hatte, suchte er das Weite, wobei er nach jedem dritten Schritt einen mächtigen Satz machte.

1928 sammelten Forschungsteams in Sibirien Informationen über „Chuchunaa". Ein Jahr später erhielten Behörden einen ausführlichen Bericht über die dabei gewonnenen Erkenntnisse. Demnach beschrieben Augenzeugen den „Chuchunaa" oder „Mulen" meistens als etwa 1,80 bis 2,10 Meter groß und breitschultrig, was dem Wesen den Beinamen „Mirygdy" („Breite Schultern") eintrug.

Im Sommer 1974 erfuhren sowjetische Forscher in Jakutien von etlichen Sichtungen des wilden Waldmenschen, den man dort „Tschutschunaa" nannte. Den Schilderungen zufolge wurde dieses Geschöpf um die Jahrhundertwende am häufigsten gesichtet. Während der 1920-er und 1930-er Jahre erfolgten bereits merklich weniger Sichtungen. Aus den 1950-er Jahren wurden nur noch zwei Sichtungen im Becken des Adytschi-Flusses bekannt.

1974 hörten die Forscher auch Geschichten darüber, dass den Urgroßvätern der Rentierzüchter, die sie damals befragten, ihre Vorräte gestohlen worden seien. Bei den Dieben soll es sich um halbwüchsige „Tschutchunaas" gehandelt haben, die den Fluss durchschwammen, als darin Treibeis schwamm. Im Distrikt Werchojansk kursierten Geschichten über Entdeckungen riesiger menschlicher Skelette im Becken des Adytschi-Flusses.

Am Sonntag, 16. August 1987, kam es vor einer Jagdhütte in der westsibrischen Region Tjumen zu einer Begegnung von drei Menschen mit einem sonderbaren Waldbewohner. Die Hütte stand in einem von Sümpfen umgebenen Kiefernwald. Bei den drei Menschen handelte es sich um die ehemalige Wissenschaftsredakteurin Maja Bykowa sowie um ihre Gastgeber Wolodja und dessen Ehefrau Nadja. Das Trio hatte in der Hütte übernachtet, der sich ab den 1930-er Jahren nach Anbruch der Dunkelheit und vor allem im Morgengauen ein seltsames Geschöpf näherte. Der Erbauer der Hütte und dessen Sohn beobachteten mehrfach ein von Kopf bis Fuß rotbraun behaartes Lebewesen. Nur der linke Unterarm war weiß, weshalb die Kreatur den Namen „Metscheny" („der Markierte") erhielt.

Seltsamerweise kündigte „Metscheny" seine Ankunft immer durch ein Klopfen an das Fenster der Hütte an. Dies war auch in der Morgendämmerung des 16. August 1987 der Fall. Die drei Menschen sprangen aus dem Bett, stürzten ins Freie und erblickten dort in etwa fünf Meter Entfernung eine rund zwei Meter große Gestalt, die sich mit der rechten Schulter an den Stamm einer abgestorbenen Kiefer lehnte. Das Geschöpf schaute auf den 1,80 Meter großen Wolodja sowie auf die merklich kleineren Frauen Maja und Nadja herab. Der völlig behaarte Kopf dieser Kreatur saß direkt auf den auffällig breiten und muskulösen Schultern. Die roten Augen leuchteten hell. Der breite Mund hatte schmale, schlitzartige Lippen. Außerdem bemerkten die Augenzeugen einen mächtigen, fassartig gewölbten Brustkorb, kräftige, weit vorn sitzende Arme, schaufelförmige, große Hände, lange und gerade Beine mit gewaltigen Füßen. Nach etwa einer Minute rannte der drei Monate alte Welpe „Box" von Wolodja hinter der Hütte hervor, bellte laut und schmiegte sich an die Beine seines Herrn. Anschließend trat „Metscheny" hinter den Baum und verschwand im Wald. Die drei Augenzeugen setzten sich danach auf die Erde und massierten sich ihre gefühllosen Beine. Bei seinem Rückzug hinterließ „Metscheny" auf dem dicht mit Kiefernnadeln bedeckten Erdboden keinen einzigen Fußabdruck.

Ein Jahr später kehrte Maja Bykowa in jene Gegend nach Westsibirien zurück, wo sie „Metscheny" gesichtet hatte und hoffte auf ein Wiedersehen mit ihm. In den Nächten von 10. bis zum 15. August 1988 lauerten sie und Wolodja erfolglos in einem Versteck am Rand der Lichtung, auf der die Hütte stand. Danach durchwachten sie vom 16. bis zum 20. August die Nächte in der Hütte, doch „Metscheny" kam auch hierhin nicht. Mehr Glück hatten Maja und Wolodja, als sie ab 21. August die Nächte etwa 800 Meter von der Hütte entfernt verbrachten. An dieser Stelle ging der Wald in den Sumpf

*Russisch-jakutischer Ethnograph und Historiker
Gawriil Wassiljewitsch Ksenofontow (1888–1938)
mit Sohn*

über und hatten sie bereits im Vorjahr vermutet, dass hier ein von „Metscheny" oft beschrittener Weg lag. In der Nacht des 22. August erblickten Maja und Wolodja während eines Wetterleuchtens in etwa 70 Meter Entfernung eine zusammengekauerte Gestalt im Sumpf, der wegen einer Dürreperiode stark ausgetrocknet war. Während eines weiteren Blitzes richtete sich das Geschöpf auf und konnte man deutlich dessen weißen Unterarm sehen. Es handelte sich also um „Metscheny". Dieser bewegte sich sprunghaft, ließ sich gelegentlich zu Boden fallen und führte beim Aufstehen jeweils die rechte Hand zum Mund, so als würde er gefangene Frösche, Eidechsen oder Mäuse verzehren. Dieses seltsame Schauspiel dauerte mehr als eine Stunde lang von Mitternacht bis Viertel nach ein Uhr. Dann verschwand „Metscheny".

Der russisch-jakutische Ethnograph und Historiker Gawriil Wassiljewitsch Ksenofontow (1888–1938) schilderte „Chuchunaa" in seinem Buch „Uranchai Sachalar" mit folgenden Worten: „Der Chuchunaa ist wie ein Mensch. Er ernährt sich von Wild und verzehrt das Fleisch roh. Angeblich zieht er dem Wild das Fell ab und trägt es so, wie wir uns in Fuchsfelle kleiden. Sein Lager gleicht dem eines Bären. Seine Stimme klingt unangenehm rauh und krächzend. Sein Pfeifen verängstigt Menschen und Rentiere. Die Menschen begegnen ihm nur sehr selten und sehen ihn oft davonrennen ... Das Gesicht des Chuchunaa ist schwarz, weshalb Nase und Augen nur schwer erkennbar sind. Man begegnet ihm nur im Sommer. Im Winter treibt er sich nicht herum." Ksenofontow wurde ein Opfer des Terrors von Diktator Stalin (1879–1953): Man verhaftete ihn, verurteilte ihn wegen angeblicher Spionage zum Tode, erschoss ihn, rehabilitierte ihn aber 1957.

Merkwürdig war, dass „Chuchunaa" angeblich oft Kleidung trug. Manche Kryptozoologen – darunter der inzwischen

*Frühmensch Homo heidelbergenis,
der nach einem Fund aus Mauer bei Heidelberg benannt ist*

verstorbene Bernard Heuvelmans – vermuten, er sei eine Art überlebender Neandertaler. Nach offizieller Lehrmeinung existierten diese Ur-Menschen vor etwa 300.000 bis 30.000 Jahren.

Der Kryptozoologe Mark A. Hall dagegen hält „Chuchunaa" für einen überlebenden *Homo gardensis*. Dieser Artname wurde für menschliche Überreste aus dem 12. Jahrhundert geprägt, die in einem Grab bei Garoar auf Grönland gelegen hatten. Ursprünglich hat man diese Reste mit jenen des Frühmenschen *Homo heidelbergenis* verglichen, der seinen Namen einem mehr als 600.000 Jahre alten Unterkiefer aus Mauer bei Heidelberg in Baden-Württemberg verdankt. Doch dies wurde später widerlegt. Die Skelettreste bei Garoar gelten inzwischen als Knochen eines anatomisch modernen Menschen, der an krankhaftem Größenwachstum (Akromegalie) litt.

Mark A. Hall hat 1997 folgende Klassifizierung der menschen- und affenähnlichen Wesen aus aller Welt veröffentlicht.

1. „Neo-Giants": So bezeichnete Hall alle Hominoide mit einer Körperhöhe von weniger als 2,75 Metern. Ihre Fußspuren erreichen eine Länge bis zu 50 Zentimetern. Dabei soll es sich um robuste Australopitheciden wie beispielsweise die Gattung *Paranthropus* handeln.

2. „True Giants": Diese Lebewesen sind mit mehr als drei Meter Körperhöhe wahre Riesen. Sie hinterlassen gewöhnlich vierzehige Fußabdrücke. Zu den „True Giants" rechnet Hall beispielsweise den Orang Gadang, den Big Grey Man oder Gilyuk. Bei diesen Geschöpfen handelt es sich angeblich um überlebende Gigantopitheciden.

3. „Yetis": Diese Kategorie umfasst laut Hall nicht nur den bekannten Schneemenschen „Yeti" aus dem Himalaja. Dazu gehören auch 1,50 bis 1,80 Meter große Lebewesen, deren

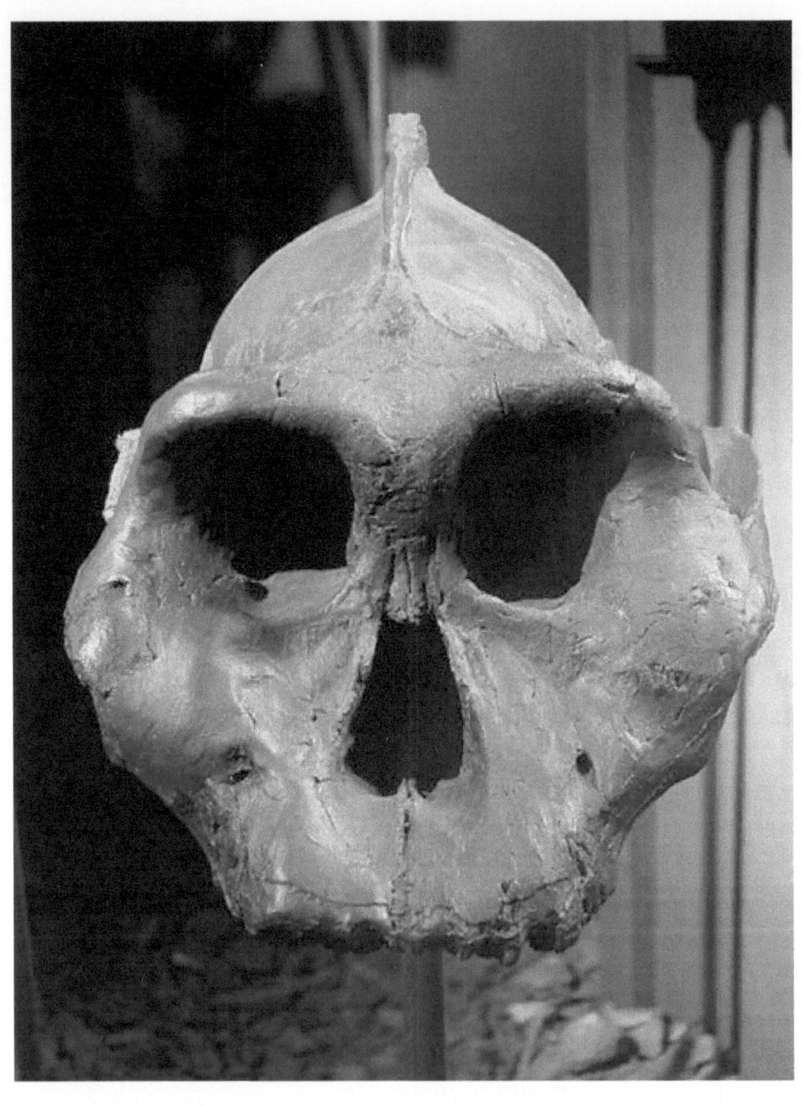

*Schädelrekonstruktion eines robusten Australopitheciden
der Gattung Paranthropus*

Schneemensch „Yeti",
Zeichnung von Philippe Semeria bei „Wikipedia"

Rhodesien-Menschen,
Rekonstruktion von Améedé Forestier (1845–1930)
von 1922

Fußspuren einen affenähnlich nach außen weisenden großen Zeh belegen.

4. „Taller-Hominids": Mit diesem Namen belegte Hall gewisse Hominoide wie *Homo sapiens rhodesiensis* oder *Homo gardarensis,* die weniger als 2,10 Meter groß sind. Die Fußspuren dieser Geschöpfe sind schmal, kurvenförmig, bis zu 36 Zentimeter lang und lassen gespreizte einzelne Zehen erkennen.

5. „Shorter-Hominids": Dabei handelt es sich nach Auffassung von Hall um haarige Neandertaler wie Nakani oder Gul. Diese Lebewesen sind bis zu 1,50 Meter groß und hinterlassen Fußspuren zwischen 17 und 38 Zentimeter. Alle Zehen sind etwa gleich groß und gespreizt. Der große Zeh weist nach außen.

6. „Least Hominids": Noch 1997 teilte Hall die im vorherigen Absatz erwähnten „Shorter Hominids" auf und bildete aus einigen der bis dahin diesen zugerechneten Kryptiden eine weitere Kategorie namens „Least Hominids". Darunter versteht Hall den weniger intelligenten und primitiveren *Homo erectus.* Überlebende dieser Art könnten laut Hall der „Alma" oder der „Barmanu" in Afghanistan und Pakistan sein. Sie erreichen eine Körperhöhe von 1,54 bis 1,85 Meter und hinterlassen Fußspuren von ungefähr 25 Zentimeter Länge.

7. „Little People". Die Angehörigen dieser Kategorie sind stets kleiner als 1,50 Meter. Ihre Fußspuren lassen ungleich lange Zehen erkennen. Ungeachtet ihrer geringen Größe unterscheiden sie sich aber deutlich von menschlichen Kinderfußspuren.

1999 veröffentlichten der Kryptozoologe und „Bigfoot"-Forscher Loren Coleman und Patrick Huyghe das Werk „Field Guide to Bigfoot, Yeti, and Other Mystery Primates Worldwide". Darin verwendeten die beiden Autoren ein neues

*Rekonstruktion eines männlichen Neandertalers
im „Neanderthal-Museum" bei Mettmann*

*Rekonstruktion eines weiblichen Neandertalers
im „Neanderthal-Museum“ bei Mettmann*

*Affenmensch
„Alma“
in der Mongolei,
Zeichnung von
Shuhei Tamura*

Klassifizierungssytem, das auf früheren Systemen fußte und insgesamt neun Kategorien umfasste.

1. „Neo-Giants": Diese Lebewesen entsprechen der von Mark A. Hall unter diesem Namen beschriebenen Kategorie. Als ihr Urbild gilt „Bigfoot". Ihre Körpergröße reicht von 1,82 bis 2,74 Meter. Sie tragen einen relativ kleinen, konischen Kopf und haben kleine, runde Augen mit ausgeprägten Augenbrauenwülsten. Das Gesicht ist bei älteren Individuen heller als bei älteren. Der Hals ist kaum erkennbar. Der Körper besitzt faßförmige Gestalt. Die zottigen Haare variieren zwischen rotbraun über schwarz bis zu leicht silbrig wie bei älteren Gorillamännchen („Silberrücken"). Der Fuß der „Neo-Giants" ist zehn bis 22 Zentimeter breit sowie rund 30 bis 50 Zentimeter lang. Typisches Merkmal ist ein Fußpolster etwa in der Mitte der Fußkontur, das der Oberfläche zweier aneinandergelegter Bälle gleicht. Die „Neo-Giants" sind nachtaktiv, tragen keine Kleidung, nutzen keine Geräte und meiden offenen Kontakt zu Menschen. Allerdings sollen sie manchmal Frauen entführen. Ihre Nahrung besteht vor allem aus Waldfrüchten, gelegentlich aber auch aus dem Fleisch von Fischen oder kleinerer Säugetiere. Zum Schlafen suchen sie nestähnliche Gebilde, die sie auf Bäumen oder auf dem Erdboden zusammenfügen, oder Höhlen auf. Der Primatologe W. C. Solman schlug für sie den Artnamen *Nearctis chionanthropus* vor. Im Gegensatz dazu betrachtete der Anthropologe Grover S. Krantz (1931–2002) dieses Lebewesen anhand der Fußspuren als überlebenden prähistorischen Riesenaffen *Gigantopithecus blacki* und bezeichnete ihn als *Gigantopithecus canadensis.* Für den Fall, dass es sich um eigene Gattung handeln sollte, schlug Krantz ersatzweise den Namen *Gigantoanthropus* vor. Gordon Strasenburgh wiederum betrachtete „Bigfoot" als überlebenden *Paranthropus* und

Älteres Gorillamännchen,
so genannter „Silberrücken", im Zoo von San Franzisco

*Gefährliche Begegnung zwischen dem
bis zu etwa drei Meter großen prähistorischen
Menschenaffen Gigantopithecus blacki (rechts) und
Frühmenschen, Zeichnung von Shuhei Tamura*

*Skelett des amerikanischen Anthropologen
Grover S. Krantz (1931–2002)
und seines Irischen Wolfshundes „Clyde"
im „Smithsonian Natural History Museum". Krantz hatte
seinen Körper der Forschung zur Verfügung gestellt.*

nannte den westpazifischen „Bigfoot" als *Paranthropus elldurreli.* Loren Coleman und Patrick Huyghe vermuten, „Bigfoot" sei wahrscheinlich ein *Paranthropus.*

2. „True Giants": Unverändert übernahmen Coleman und Huyhge von Hall auch die Kategorie „True Giants". Diese Kryptiden sind mit einer Körperhöhe zwischen 3,48 und 6,10 Metern wahre Riesen. Ihr Gesicht ist flach. Bei ihnen ist noch weniger als bei den „Neo Giants" ein Übergang zwischen Kopf und Körper erkennbar. Die Arme wirken wie riesige Schaufeln. Die vierzehigen Füße sind bis zu 53 Zentimeter lang und mehr als 25 Zentimeter breit. Das Fell ist rot bis dunkelbraun, am Kopf länger und an den Armen kürzer als am Körper. „True Giants" sind nachtaktiv, tragen gelegenlich primitive Kleidung und benutzen Steinwaffen. Als Schlaflager dienen ihnen Mulden, die sie in Höhlen anlegen.

3. „Marked Hominids: Bei jenen Lebewesen handelt es sich um große, aufrecht gehende und behaarte Hominide der subpolaren Regionen. Der Name dieser Kategorie basiert auf dem russischen „Marked Hominid" namens „Metcheney" („Marked One"), über den die Kryptozoologin Maya Baranow berichtete. Oft werden sie mit den „Neo-Giants" verwechselt, sind aber mit einer Körpergröße bis zu 2,14 Metern durchweg kleiner und ähneln mehr den Menschen. Im rundlichen Gesicht befinden sich relativ große Augen. Bei männlichen Exemplaren der „Marked Hominids" wächst von den Augen an ein abwärts gerichteter Bart. Der Körper dieser Kryptiden ist kräftig gebaut. Ein Hals ist nicht erkennbar. Die Arme reichen nicht über die Knie hinaus. Das Gesäß ist flach und die Genitalien sind sichtbar., Der Fuß erreicht eine Länge von 25,4 bis 36,8 Zentimeter und eine Breite von 7,6 bis 12,4 Zentimeter. Die Körperbehaarung ist braun bis schwarz. Auch die „Marked Hominids" sind nachtaktiv. Manchmal tragen

*Nordamerikanischer Affenmensch „Bigfoot",
Zeichnung von User „Lizard King" bei „Wikipedia"*

sie primitive Kleidung. Generell wird ihnen ein sehr schlechter Geruch bescheinigt. Sie leben vor allem in Gruppen. Sie sollen keineswegs so intelligent wie die menschlichen Ureinwohner der Region sein, in der sie sich aufhalten. Angeblich handeln und kommunizieren sie mit den menschlichen Ureinwohnern und bestehlen sie teilweise.

4. „Neandertaloids": Coleman und Huyghe bezeichnen überlebende Gruppen von Neandertalern als „Neandertaloids". Diese bis zu 1,82 Meter großen Lebewesen haben einen stämmigen, muskulösen und mit rötlichen Haaren bedeckten Körper. Auch das Gesicht männlicher Exemplare ist behaart. Die Augenbrauenknochen stehen hervor und die Nase ist breit und flach. An den zwischen 17 bis 38 Zentimeter langen Füßen befinden sich fünf Zehen. Wie bei fossilen Fußabdrücken von Neandertalern weist der große Zeh jeweils nach außen. Die „Neandertaloids" tragen primitive Kleidung, wohnen vor allem in Höhlen, sind sehr scheu, meiden Kontakte mit modernen Menschen, sind aber sehr neugierig. Gelegentlich verwenden sie angeblich Waffen wie Speere, Äxte und Bogen.

5. „Erectus Hominids": Zur dieser Kategorie gehören die Kryptiden Alma, Barmanu in Afghanistan und Pakistan sowie Yeren. Sie erreichen eine Körperhöhe von rund 1,86 Meter und gleichen dem *Homo sapiens*. Als besonderes Merkmal ihres generell leicht mongoliden Gesichts gilt die aufwärts geschwungene Nase. Ihr Brustkasten ist merklich stärker als beim *Homo sapiens*. Der fünfzehige Fuß ähnelt einem leicht vergrößerten menschlichen Fuß. Ungewöhnlich ist die Schlafposition. „Erectus Hominids" sollen mit den Knien und den Ellbogen unter dem Körper und mit den Händen im Nacken schlafen. Laut Ivan T. Sanderson und Mark A. Hall muss diese typische Schlafposition eine starke Verdickung an entsprechenden Stellen des Knies, Ellbogens und der Hand

hervorrufen, die bei Individuen in Asien tatsächlich aus Abdrücken erkennbar sei. Die „Erectus Hominids" sind wenig intelligent, tragen sehr selten primitve Kleidung und Waffen, ernähren sich von Pflanzen und dem Fleisch mancher Tiere und haben einen sehr starken Eigengeruch.

6. „Proto-Pygmies": Die teilweise menschlich aussehenden „Proto-Pygmies" stellen eine Kombination der „Little People" von Mark A. Hall und der „Proto-Pigmies" von Ivan T. Sanderson dar. Die kleinsten dieser Hominiden werden nicht größer als 1,67 Meter. Zu den „Proto-Pygmies" rechnet man die Kryptiden Agogwe in Ostafrika, Sedapa auf Sumatra und Shiru in Südamerika (Ekuador). Augenzeugen beschrieben ihr Gesicht als „seltsam alt". Diese schlanken Geschöpfe besitzen ein schwarzes bis rötliches Fell. Ihre kleinen Füße sind nicht länger als 12,7 Zentimeter, haben eine spitze Ferse und fünf Zehen. Die flinken „Proto-Pygmies" leben gesellig und sind nachtaktiv. Ihre Nahrung umfasst Beeren, Früchte, Insekten, Fische und kleinere Säugetiere. Angeblich verfügen sie über eine „rudimentäre akustische Verständigungsform". Von Kryptozoologen wurden sie „Baby-Bigfoots", *Homo erectus*, Australopithecinen oder unbekannten pygmäenartigen *Homo sapiens* zugeordnet.

7. „Unknown Pongids": Bei dieser Kategorie handelt es sich um die Entsprechung der Hominologie zu den Menschenaffen wie Schimpansen, Bonobos, Gorillas und Orang-Utans. Die Angehörigen dieser Kategorie erreichen eine Körperhöhe zwischen 1,52 und 1,82 Meter, mitunter aber auch bis zu 2,40 Meter. Manche Augenzeugen berichteten von einem haarlosen, schwarzen Gesicht mit hervorstehenden Augenbrauen- knochen, eingedrückter Nase und räuberischen Fangzähnen. Als typische Merkmale gelten der konisch zu laufende Kopf und der kaum sichtbare, muskulöse Hals. Der Körper ist

kräftiger gebaut als jener von Menschen. Das schwarz bis dunkelbraune oder rötliche Fell wirkt zottig und bedeckt den ganzen Körper. Die affenähnlichen Füße sind zwischen 24 und 44,5 Zentimeter lang sowie zwischen 16,5 und 29 Zentimeter breit. Die „Unknown Pongids" gehen zweibeinig aufrecht, aber zeitweise auch vierbeinig. Sie sind nachtaktiv und schlafen in selbst gebauten Nestern. Ihre Nahrung ähnelt derjenigen der „Proto-Pygmies", die Beeren, Früchte, Insekten, Fische und kleinere Säugetiere verzehren. Auf Menschen reagieren sie oft mit aggressivem Auftreten und mit Drohgebärden. Zunächst hielt man die „Unknown Pongids" für „junge Yetis". Später deutete man sie als überlebende Dryopitheciden, was viele Kryptozoologen akzeptieren.

8. „Giant Monkeys": Die Angehörigen dieser Kategorie sind zwischen 1,28 und 1,82 Meter groß. Sie haben einen stämmigen Körperbau, kräftige Beine und einen buschigen Schwanz. Ihr Gesicht mit schwarzen Knopfaugen und spitzen Ohren ähnelt demjenigen eines Hundes oder Pavians. Das Fell ist schwarz bis rötlich. Die Füße erreichen eine Länge von 30 bis 38 Zentimeter und tragen drei runde Zehen mit deutlichem Abstand zueinander. Gegenüber Hunden und Menschen treten die ansonsten eher scheuen Lebewesen ungewohnt aggressiv auf. Zu ihrer Nahrung gehören vor allem Früchte und Pflanzen, gelegentlich aber auch Beutetiere.

9. „Merbeings" oder Wasserkreaturen: Als ungewöhnlichste und älteste Kategorie gilt diejenige der „Merbeings" oder Wasserkreaturen. Davon kennt man zwei Varianten aus unterschiedlichen Aufenthaltsbereichen. Die marine Variante besitzt meist flossenartige Auswüchse. Dagegen hat die Frischwasservariante einen charakteristisch winkligen Fuß mit hohem Spann. Die marine Art besitzt eine glatte Haut und ein

*Fossiler Menschenaffe Dryopithecus
am Ur-Rhein in Rheinhessen vor zehn Millionen Jahren,
Zeichnung von Pavel Major
im „Dinotherium-Museum", Eppelsheim*

kurzes Fell, die Frischwasserart dagegen ein „fleckenartiges" Fell. Beide Varianten sind zwergen- bis menschengroß. Ihre Körper wirken muskulös. Die Augen sind oval bis halbmondförmig. Oft tragen „Merbeings" mähnenartiges Haupthaar. Bei einigen Exemplaren dagegen fehlt die Behaarung völlig. Die Frischwasservariante verhält sich weitaus aggressiver als die marine Variante. Häufig wurde eine Stachelreihe entlang des Rückgrats beobachtet.

Auch aus dem Fernen Osten der ehemaligen Sowjetunion liegen Berichte über Sichtungen von „Wildmenschen" vor. Nämlich am Ochotskischen Meer und auf der Tschuktschen-Halbinsel. Die „Wildmenschen" am Ochotskischen Meer werden „Pikelian" und diejenigen auf der Tschuktschen-Halbinsel „Chejak" genannt.

1979 hielt der russische Gelehrte S. Koslowsky vor Rentierhirten der Ewenken mehrere Diavorträge über den Ursprung und die Entwicklung des Menschen. Seine Ausführungen in russischer Sprache wurden von einem Dolmetscher in die ewenkische Sprache übersetzt. Immer wenn ein Dia mit der Rekonstrukton des Frühmenschen *Homo erectus* auf der Leinwand zu sehen, raunten sich die alten Ewenken zu: „Erek pikelian" (zu deutsch: „Das ist doch Pikelian!"). Dies führte dazu, dass sich Koslowsky zunehmend für „Pikelian" interessierte, Geschichten über ihn sammelte und diese in der in Magdaan erscheinenden Zeitung „Magadansskaja Prawda" veröffentlichte.

Als „Pikelian" wird ein menschenähnliches Lebewesen bezeichnet, dessen Körper mit graubraunen Haaren bedeckt ist. In manchen Geschichten über diesen „Wildmenschen" heißt es, er würde den Hirten mitunter Rentierfleisch stehlen und dieses in kalten Pfützen aufbewahren. Einmal soll ein „Pikelian" einen Schafbock entwendet haben, den ein Jäger

*Rentierhirten der Ewenken
in Sibirien*

erlegt hatte und der einen Hang hinabgerollt war. Ein anderer Jäger namens Mikundja sichtete in den Bergen einen weiblichen „Pikelian", der eine Wurzel ausgrub, sie säuberte und zu essen begann. Der Jäger wollte dieses seltsame Geschöpf fangen, sprang hinter einem Felsen hervor, packte es, konnte es aber nicht überwältigen. Stattdessen schleifte der „Pikelian", nachdem er einen heiseren Schrei ausgestoßen hatte, den Jäger hinter sich her, bis er gegen einen Stein stieß und losließ. Danach spürte der Jäger eine Höhle auf, in der sich ein Bett aus Gras und Moos sowie zahlreiche Knochen von Tieren befanden, bei denen es sich um Nahrungsreste gehandelt haben könnte.

Rentierzüchter an der gebirgigen Küste des Ochotskischen Meeres berichteten dem Journalisten Alexander Gumenik aus Chaborowsk von einem etwa zwei Meter großen „Wildmenschen" namens „Chejak". Dieser kann angeblich sehr schnell laufen, weit springen und sowie laut pfeifen und schreien. Ein Anführer von Rentierzüchtern erzählte Gumenik, ein riesiger, behaarter „Chejak" sei einmal nachts auf allen vieren in ein Zelt eingedrungen, in dem er als Kind zusammen mit seinen Eltern geschlafen habe. Wegen seiner enormen Größe habe diese Kreatur nicht aufrecht oder gebückt in das Zelt kommen können. Der „Wildmensch" habe ihn gestreichelt, geküsst und sei dann wieder auf allen vieren zurückgekrochen. Von alledem hätten die weiterhin schlafenden Eltern nichts bemerkt. Als sie später von dem nächtlichen Besucher erfuhren, packte sie die Angst und sie verließen Hals über Kopf diesen Schauplatz.

Auf der Tschuktschen-Halbinsel, welche die nordöstliche Spitze von Asien bildet und die gegenüber von Alaska (Nordamerika) liegt, sollen ebenfalls „Wildmenschen" existieren. In diese entlegene Gegend, die mitunter als „Ende der Welt" bezeichnet wird, drang 1971 die Kryptozoologin Alexandra („Alja") Burtsewa vor. Einheimische Tschuktschenen und Ewenen (Lamuten) erzählten ihr von einer großen, menschenähnlichen Kreatur, die man „Mir-Ygdy" („Breitschulter") nennt. Dieses Geschöpf hat angeblich keinen sichtbaren Hals, starke Behaarung am Körper und eine versteckte Lebensweise. Jäger, die einen Teil ihrer Beute zurückließen und sie erst am nächsten Tag abholen wollten, sollen manchmal nur noch große Fußspuren vorgefunden haben. Neben „Mir-Ygdy" sind weitere Namen üblich, die zu deutsch „Spitzkopf", „Glotzauge" oder „Hurtigrenner" bedeuten.

Drei Männer, die im August 1970 auf der Tschuktschen-Halbinsel zur Jagd gingen, begegneten angeblich nahe des Flusses Amguema eine riesige, behaarte Gestalt. Einerseits ähnelte diese einem Affen, andererseits einem Menschen. Diese Kreatur besaß einen kleinen Kopf, breite Schultern sowie kräftige Arme und Beine. Das merkwürdige Lebewesen stand kurze Zeit reglos da, bevor es sich umdrehte und hinter einem Fels verschwand. Über diese Sichtung berichtete der Russe Viktor Tschebotarew, der damals auf der Tschutkschen-Halbinsel arbeitete und später in Moskau lebte. Als dieser Augenzeuge vorführte, wie sich der „Wildmensch" auf der Tschuktschen-Halbinsel bewegt hatte, dachten Moskauer Kryptozoologen, dies sei wie im „Patterson/Gimlin-Film" über „Bigfoot" aus Nordamerika geschehen. Nach dem Ansehen dieses berühmten Films erklärte „Tschebotarew, das Wesen, das er gesehen habe, sei genauso gegangen.

Man spekuliert, die von Asien nach Amerika gewanderten „Wildmenschen" müssten von der Tschuktschen-Halbinsel gekommen und zunächst nach Alaska gelangt sein, das sich jenseits der Beringstraße befindet. Im Eiszeitalter gab es zwischen der Tschuktschen-Halbinsel und Alaska zeitweise eine Landverbindung.

Im dünn besiedelten Yukon im äußersten Nordwesten von Kanada glauben die dort ansässigen Indianer an einen riesigen, behaarten „Wildmenschen" namens „Nakentlia", der als „Buschmann", „Herumtreiber" oder „Waldgänger" bezeichnet wird. Diese Kreatur hat angeblich eine menschenähnliche Gestalt, geht aufrecht, hinterlässt menschenartige Fußspuren, ist meistens nachtaktiv, schwimmt gut und gibt Pfeifgeräusche von sich. Menschen bewirft „Nakentlia" mit Steinen oder Stöcken und stiehlt ihnen getrockneten Lachs aus Fischercamps. Wenn Jungen oder Mächen unartig sind, wird ihnen mit dem „Buschmann" gedroht, der angeblich Kinder stiehlt. Berichte über Sichtungen im Yukon trug der kanadische Kryptozoologe John Green zusammen.

In dem Buch „Make Prayers to the Raven: A Koyukon View of the Northern Forest" (1983) des amerikanischen Anthropologen Richard K. Nelson ist von einem Geschöpf namens „Nik'inila'eena" in der Region Koyukon die Rede. Vermutlich handelt es sich bei „Nik'inila'eena" nur um eine andere Übersetzung des Wortes „Nakentlia". Solche „Waldgänger" sollen sehr scheu sein und rasch verschwinden, wenn ein Mensch in die Nähe komme. Andererseits bestehlen sie angeblich Menschen. Nelson schrieb, der „Waldgänger" zöge sich im Winter wie ein Bär in eine Höhle zurück. Er oder sein Lager verbreite einen ekelhaften Gestank. In der Wildnis werfe er Stöcke nach Menschen oder bringe ihre Fischernetze durcheinander. Augenzeugen, die dem „Waldgänger" begegnet sein sollen, glaubten, dieser verfüge über hypnotische Kräfte, die ihre Bewegungen oder Reaktionen erschwert hätten. Es heißt sogar, es sei ein großes Unglück, einen „Waldgänger" zu sehen oder zu töten. Wer ihn erblicke, könne wahnsinnig werden. Gelegentlich soll diese unheimliche Kreatur angeblich sogar Menschenkinder entführen.

Venezianischer Kaufmann
Marco Polo (1254–1324)

50

Entdeckungen von Affenmenschen

Viertes Jahrhundert vor Christus: Der chinesische Staatsmann und Dichter Qu Yuan (340–278 v. Chr.) des Staates Chu erwähnt in seinen Versen gewisse Menschenfresser, die im Gebirge leben. Sein Haus befand sich südlich des Berg- und Waldgebietes Shennongjia in der Provinz Hubei, das als Heimat des Affenmenschen „Yeren" diskutiert wird.

Um 1000 nach Christus: In Tibet erwähnt der Yogi Milarepa, der als Einsiedler im Himalaja lebt, in seinen Gesängen einen Affenmenschen, bei dem es sich um den „Yeti" handeln soll.

13. Jahrhundert: Der venezianische Kaufmann Marco Polo (1254–1324), der Zentralasien und China bereist und 1292 Sumatra besucht, erwähnt zum ersten Mal den Affenmenschen „Sumatra Yeti".

1420-er Jahre: Der aus Bayern stammende Soldat Johannes Schiltberger (1381–um 1427) erfährt in der Mongolei von einem Wesen, das keinem der bis dahin bekannten menschenartigen Affen gleicht und den mongolischen Namen „Alma" trägt.

1595: Der englische Seefahrer Sir Walter Raleigh (1552–1618), der Raub- und Entdeckungsfahrten in die mittelamerikanischen Gewässer veranlasst, hört von bösen affenartigen Wesen, die Frauen verschleppen und Männer angreifen.

1790: In Australien beobachtet erstmals ein Weißer den Affenmenschen „Yowie". Bereits zur Zeit der Besiedlung Australiens durch die ersten Weißen kursierten Geschichten

Schweizer Geologe
François de Loys (1892–1935)

über einen 1,80 bis 2,70 Meter großen Affenmenschen, der angeblich in den Wäldern des „Fünften Kontinents" haust.

1800: Der deutsche Naturforscher Alexander von Humboldt (1769–1859) wird in Lateinamerika von Indianern vor affenartigen, Frauen raubenden und Menschenfleisch essenden Kreaturen namens „Vasitri" oder „Big Devil" gewarnt.

1811: Der Forschungsreisende David Thompson (1770–1857) sichtet als erster Weißer ungewöhnlich große, menschliche Fußspuren des Affenmenschen „Sasquatch" in Nähe der heutigen kanadischen Stadt Jasper.

1869: Ein Regierungsbeamter von British-Guyana und einheimische Begleiter begegnen im Wald einer mysteriösen Kreatur und hören zwei oder drei Mal ein lautes, langes Pfeifen.

1917: Der Affenmensch „Orang Pendek" aus Sumatra wird in einem niederländischen Wissenschaftsjournal erwähnt. Der Farmer und Zoologe Edward Jacobson (1870–1944), der als einer der ersten Forscher die Vulkaninsel Krakatau nach dem verheerenden Ausbruch von 1893 aufsuchte, hatte Indizien für die Existenz eines Affenmenschen auf Sumatra zusammengetragen.

1920: Die Expedition des Schweizer Geologen François de Loys (1892–1935) begegnet am Ufer des Tarra-River in den wenig erforschten Bergdschungeln der Sierra de Perijáa an der kolumbisch-venezolanischen Grenze zwei großen, haarigen und schwanzlosen Affen, die menschenähnlicher als alle bis dahin bekannten südamerikanischen Primaten waren. Dieses südamerikanische Gegenstück zum nordamerikanischen Affenmenschen „Bigfoot" wird als „De-Loys-Affe" bezeichnet.

1923: Der niederländische Siedler J. van Herwaarden sichtet während einer Wildschweinjagd auf Sumatra den auf einem Baum sitzenden Affenmenschen „Orang Pendek".

*Der Journalist Andrew Genzoli (1914–1984)
hat 1958 in der Lokalzeitung „Humboldt Times"
als Erster den Begriff „Bigfoot" verwendet.
Auf obigem Foto ist Genzoli (links) zusammen
mit dem Bulldozer-Fahrer Jerry Crew (rechts)
und dem Abguss eines imposanten Fußabdrucks
von Bluff Creek zu sehen.*

1928: Forschungsteams sammeln in Sibirien Informationen über den Affenmenschen „Chuchunaa".

1920-er und 1930-er Jahre: Der Affenmensch „Skunk Ape" („Stinktier-Affe") wird oft erblickt, als man Teile der Everglades in Südflorida (USA) abholzt.

1947: Einer Kolonne von 20 Franzosen und Einheimischen glückt in einem Urwald in Indochina (heute Vietnam) die erste Sichtung des Affenmenschen „Nguoi Rung".

1958: Der Name „Bigfoot" taucht erstmals in den amerikanischen Medien auf, nachdem der Arbeiter Jerry Crew auf einer Baustelle ungewöhnlich große Fußspuren entdeckt hat.

1960-er und 1970-er Jahre: Während des Vietnamkrieges wird der Affenmensch „Nguoi Rung" erstmals von Weißen gesichtet.

1960-er Jahre: Auf amerikanischen Jahrmärkten wird der als „Minnesota Iceman" bezeichnete Körper eines menschenartigen Wesens gezeigt, der in einen Eisblock eingefroren ist. Angeblich soll er aus Vietnam stammen.

20. Oktober 1967: Roger Patterson und Bob Gimlin filmen in der Nähe von Bluff Creek (Kalifornien) eine aufrecht gehende, affenähnliche Kreatur, deren Größe auf 2 bis 2,40 Meter geschätzt wird. Dieser umstrittene Film gilt als bekanntester Beweis für die Existenz von „Bigfoot".

Sommer 1989: Die englische Journalistin Debbie Martyr hört bei Reisen im Kerinci-Seblat-Nationalpark vom Affenmenschen „Orang Pendek" und kann im September eine Fährte betrachten. Seitdem sammelt sie Berichte von Augenzeugen und sucht in den Bergen Sumatras dieses scheue Geschöpf.

Autor Ernst Probst

Der Autor

Ernst Probst, geboren am 20. Januar 1946 in Neunburg vorm Wald im bayerischen Regierungsbezirk Oberpfalz, ist Journalist und Buchautor. Er arbeitete von 1968 bis 1971 als Redakteur bei den „Nürnberger Nachrichten", von 1971 bis 1973 in der Zentralredaktion des „Ring Nordbayerischer Tageszeitungen" in Bayreuth und von 1973 bis 2001 bei der „Allgemeinen Zeitung", Mainz. Von 2001 bis 2006 war er zunächst als Buchverleger und später auch weltweit als Fossilien- und Antiquitätenhändler aktiv In seiner Freizeit schrieb Ernst Probst vor allem populärwissenschaftliche Artikel für die „Frankfurter Allgemeine Zeitung", „Süddeutsche Zeitung", „Die Welt", „Frankfurter Rundschau", „Neue Zürcher Zeitung", „Tages-Anzeiger", Zürich, „Salzburger Nachrichten", „Oberösterreichische Nachrichten", Linz, „Die Zeit", „Rheinischer Merkur", „Deutsches Allgemeines Sonntagsblatt", „bild der wissenschaft", „kosmos", „Deutsche Presse-Agentur" (dpa), „Associated Press" (AP) und den „Deutschen Forschungsdienst" (df). Aus der Feder von Ernst Probst stammen zahlreiche Beiträge der Buchreihe „Geschichten, die die Forschung schreibt" sowie die Bücher „Deutschland in der Urzeit" (1986), „Deutschland in der Steinzeit" (1991), „Rekorde der Urzeit" (1992), „Dinosaurier in Deutschland" (1993 zusammen mit Raymund Windolf) und „Deutschland in der Bronzezeit" (1996). Von 1986 bis heute veröffentlichte Probst rund 300 Bücher, Taschenbücher, Broschüren und E-Books.

Literatur

Vorwort
HEUVELMANS, Bernard: On The Track of Unknown Animals, London 1963
KRYPTOZOOLOGIE http://wikipedia.org/wiki/Kryptid

Chuchunaa
BAYANOW, Dmitri: Auf den Spuren des Schneemenschen. Der russische Yeti, Stuttgart 1998
COLEMAN, Loren / CLARK, Jerome: Cryptozoology A to Z: The Encyclopedia of Loch Monsters, Sasquatch, Chupacabras, and Other Authenthics Mysteries of Nature, Sutton Valence 1999
NEWTON, Michael: Chuchunaa, Encyclopedia of Cryptozoology: A Global Guide, Jefferson 2005
PORSCHNEW, Boris: Der Kampf für die Troglodyten, Protor, S. 113–116, Juli 1968 (in russischer Sprache)
PROBST, Ernst: Deutschland in der Urzeit, München 1986
PROBST, Ernst: Deutschland in der Steinzeit, München 1991
PROBST, Ernst: Rekorde der Urzeit, München 1993
PROBST, Ernst: Affenmenschen. Von Bigfoot bis zum Yeti, München 2013
SANDERSON, Ivan T.: Abominable Snowmen, Legend Comes to Life: Bigfoot, Sasquatch, Oh-Mah, Grassman and Skunk Ape: The Story of Sub-Humans on Five Continents from the Early Ice Age Until Today Illustrated, Createspace 2008

Bildquellen

Titelblatt
Shuhei Tamura, Kanagawa, Japan: 1

Vorwort
Talitha Wittich, Portraitzeichnung-deutschlandweit,
www.portrait-deutschland.de, Frankfurt am Main: 6
Shuhei Tamura, Kanagawa, Japan: 8, 18, 32, 35
Reproduktion eines Fotos (Ausschnitt) des schweizerischen
Geologen François de Loys (1892–1935) angeblich von
1920:10
TKnox aus Chemainus, BC, Canada / http://flickr.com/
photos/59824614@N00/17022620 / CC-BY2.0: 11 (via
Wikimedia Commons), lizensiert unter CreativeCommons-
Lizenz by-2.0-en, http://creativecommons.org/licenses/by/
2.0/legalcode
Laurence M. King / http://flickr.com/photos/
8268561@N03/4416271597 / CC-BY2.0: 12 (via
Wikimedia Commons), lizensiert unter CreativeCommons-
Lizenz by-2.0-de, http://creativecommons.org/licenses/by-
sa/2.0/legalcode
Ltshears / CC-BY-SA3.0: 13 (via Wikimedia Commons),
lizensiert unter CreativeCommons-Lizenz by-sa-3.0-de,
http://creativecommons.org/licenses/by-sa/3.0/legalcode
Antony from Gloucester, UK / http://www.flickr.com/
photos/16687586@N00 / CC-BY-SA2.0: 14 (via
Wikimedia Commons), lizensiert unter CreativeCommons-
Lizenz unter by-sa-2.0-de, http://creativecommons.org/
licenses/by-sa/2.0/legalcode

Entdeckungen von Affenmenschen
Reproduktion eines Porträts eines unbekannten Künstlers
aus dem 16. Jahrhundert: 50
Reproduktion eines Fotos eines unbekannten Fotografen
vor 1917: 52
Reproduktion eines Fotos aus „Humboldt Times", Eureka,
von 1958: 54

Der Autor
Klaus Benz, Fotograf, Mainz-Laubenheim: 56

Bücher von Ernst Probst

Affenmenschen. Von Bigfoot bis zum Yeti
Als Mainz noch nicht am Rhein lag
Archaeopteryx. Die Urvögel aus Bayern
Das Moustérien. Die große Zeit der Neanderthaler
Das Rätsel der Großsteingräber. Die nordwestdeutsche
Trichterbecher-Kultur
Der Höhlenbär
Der Rhein-Elefant. Das „Schreckenstier" von Eppelsheim
Der Ur-Rhein. Rheinhessen vor zehn Millionen Jahren
Deutschland im Eiszeitalter
Deutschland in der Frühbronzezeit
Deutschland in der Mittelbronzezeit
Deutschland in der Spätbronzezeit
Die nordische Bronzezeit in Deutschland
Dinosaurier in Deutschland
Dinosaurier von A bis K. Von Abelisaurus
bis Kritosaurus
Dinosaurier von L bis Z. Von Labocania
bis Zupaysaurus
Höhlenlöwen. Raubkatzen im Eiszeitalter
Johann Jakob Kaup. Der große Naturforscher
aus Darmstadt
Krallentiere am Ur-Rhein. Die Entdeckungsgeschichte
von Chalicotherium goldfussi
Menschenaffen am Ur-Rhein. Paidopithex,
Rhenopithecus und Dryopithecus
Monstern auf der Spur. Wie die Sagen über Drachen,
Riesen und Einhörner entstanden

Nessie. Das Monsterbuch

Rekorde der Urmenschen. Erfindungen, Kunst und Religion

Rekorde der Urzeit. Landschaften, Pflanzen und Tiere

Säbelzahnkatzen. Von Machairodus bis zu Smilodon

Bestellungen bei: http://www.grin.com